目次

JN121496

玉掛け作業では、玉掛け準備、つり上げ(地切り)、運搬、つり下げ(位置決め)に加え、つり荷を下ろした後の玉外し、玉掛け用具の回収作業や運搬作業にも細心の注意を払うことが必要です。

玉掛け準備

つり上げ(地切り)・つり下げ(位置決め)

玉外し・片付け

I 玉掛け用具の取り扱い

ワイヤやつりチェーン、チェーンブロックなどの玉掛け用具は、正しく取り扱わなければつり荷の落下や振れ、転倒などによって事故や災害を引き起こします。

ここでは、特にやってはならない「玉掛け用具の取り扱い」について代表的な事例を紹介します。

アイの編み込み部を曲げて使用するな!

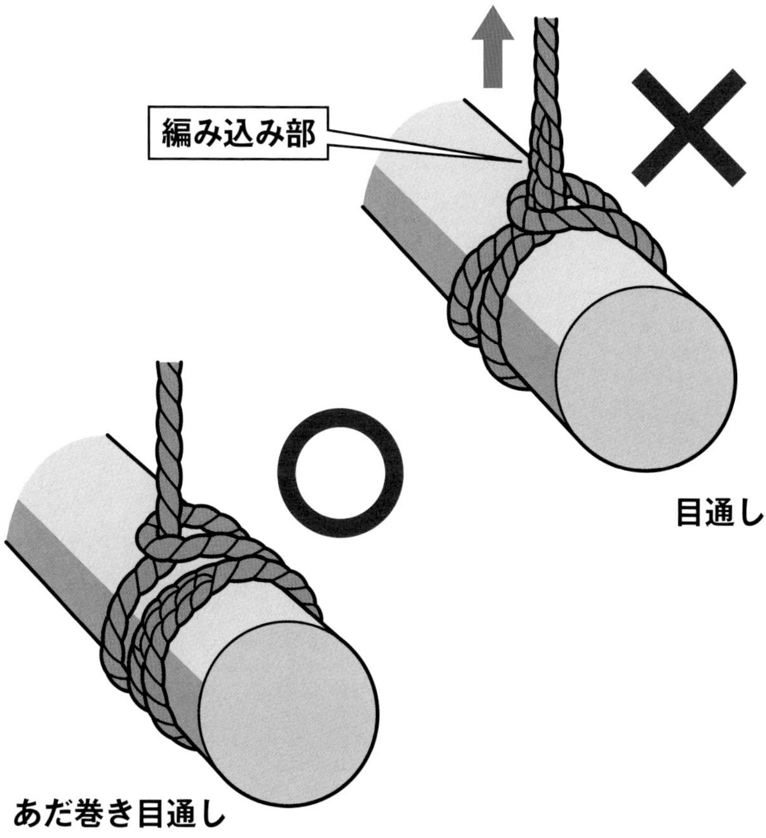

ポイント

・編み込み部が固いため、締まり不足によるスベリを生ずる。

ワイヤのすべる側にシャックルピンを当てるな!

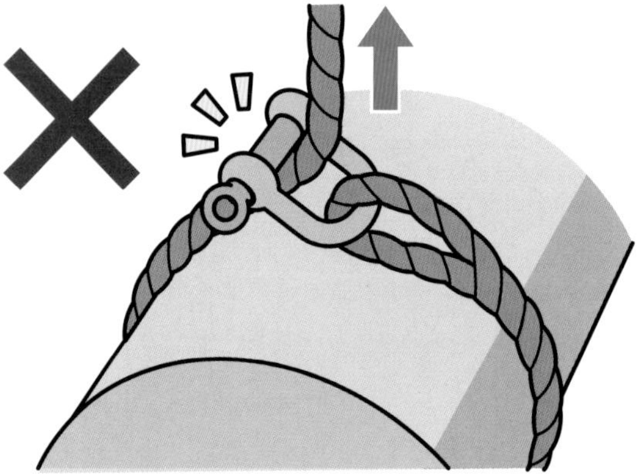

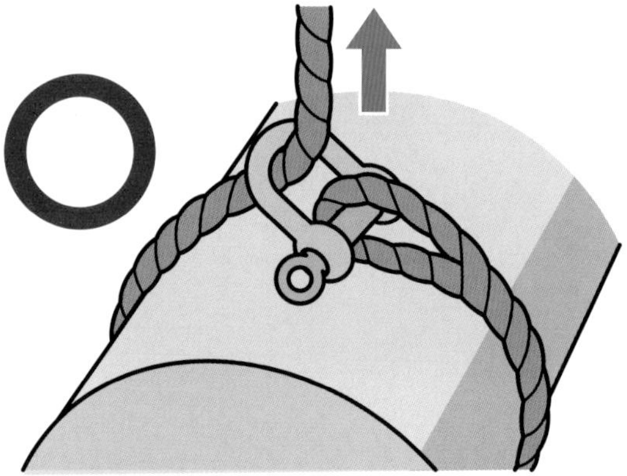

ポイント

・ワイヤのすべりにより、シャックルピンねじのゆるみ、または締め付け過ぎが生じる。

I　玉掛け用具の取り扱い-③

ワイヤどうしの継ぎ足しはするな!

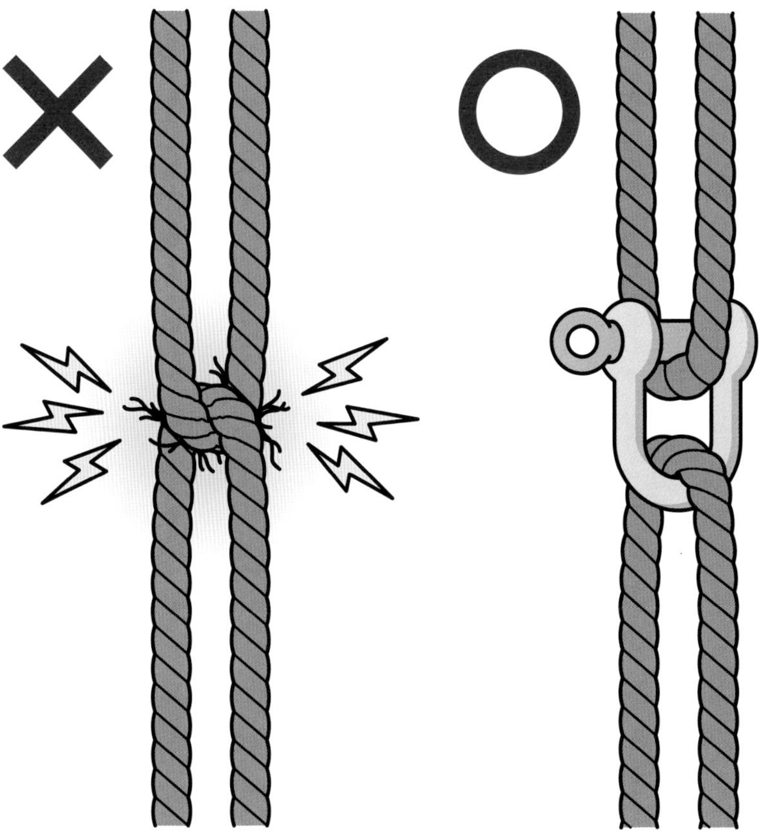

ポイント

・ワイヤの直接継ぎ足しは、強度が極端に低下するので、シャックルを用いる。

チェーンブロックを使ってつり上げるときは、ハンドチェーンをブラブラさせるな!

ポイント

・チェーンブロックのハンドチェーンが床上の物品に引っ掛かり、物品が転倒する恐れがあるので、ハンドチェーンをからげてから巻き上げる。

I　玉掛け用具の取り扱い-⑤

ワイヤをクレーンで引き抜くな!

ポイント

・荷が転倒したり、荷くずれしたりするので、玉掛け用具は手で外す。なお、あらかじめ、まくらを配置し、かつ、丸ものの荷には歯止めをしておく。

ワイヤの回収・運搬時は長くぶら下げるな!

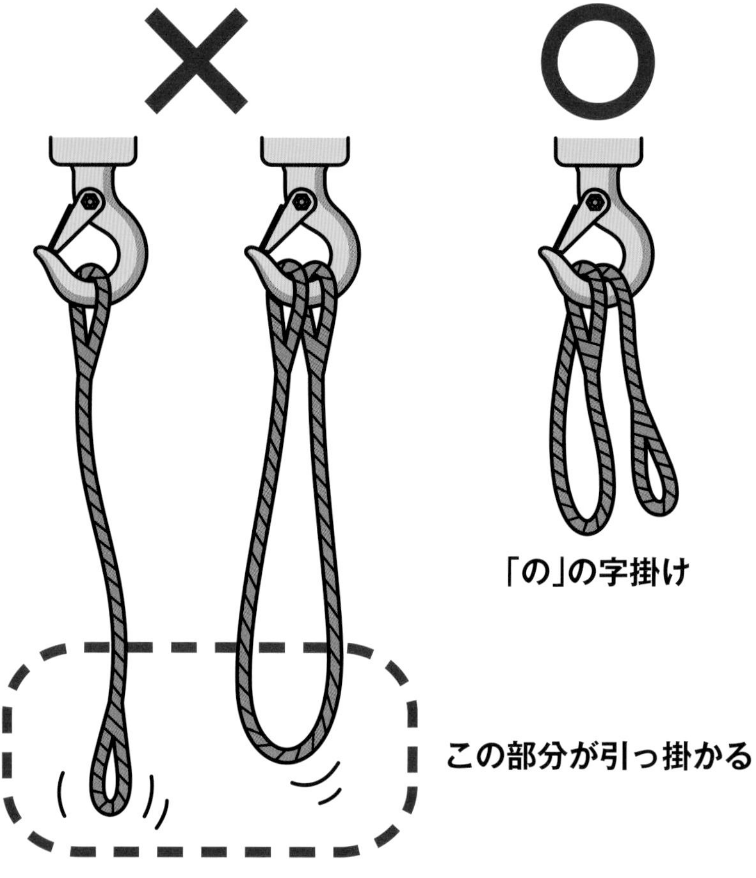

ポイント

・フックからぶら下げたワイヤのアイ部やループ部が物品の突起部に引っ掛かって 物品を倒す恐れがあるので、ワイヤを「の」の字掛けにしておく。(万一引っ掛かってもワイヤが引き出されるため、停止合図の時間的余裕ができる)。

チェーンブロック運搬時は長くぶら下げるな!

ポイント

・運搬時にロードチェーンや下フック、ハンドチェーンが設備や物品の突起物に引っ掛かるので、クレーンのフックにからげてから運搬合図をする。

Ⅱ 掛け方、つり方

ワイヤは、正しい掛け方やつり方をしなければ、ワイヤの強度低下やスベリ、変形などが生じて、つり荷が傾いたり落下して、事故や災害を引き起こす原因になります。

ここでは、特にやってはいけないワイヤの掛け方やつり方の代表的な事例を紹介します。

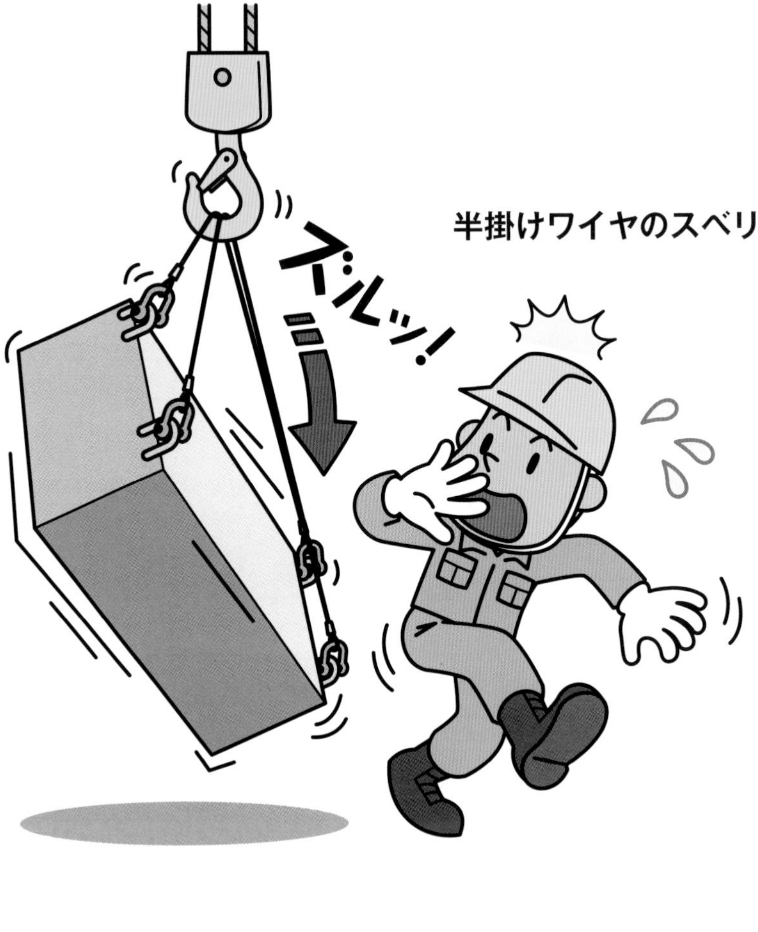

半掛けワイヤのスベリ

大きなつり角度でワイヤを掛けるな!

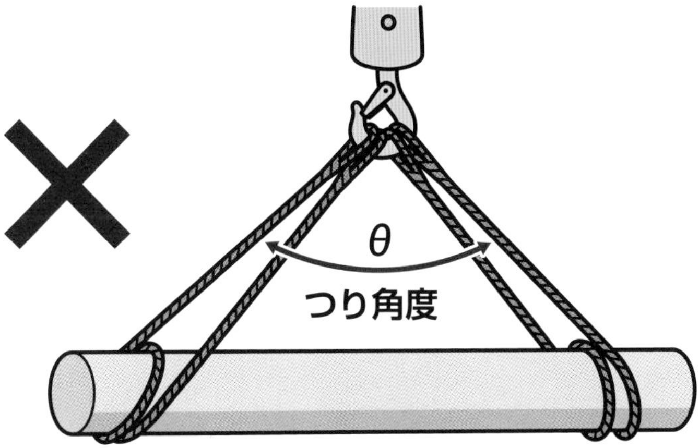

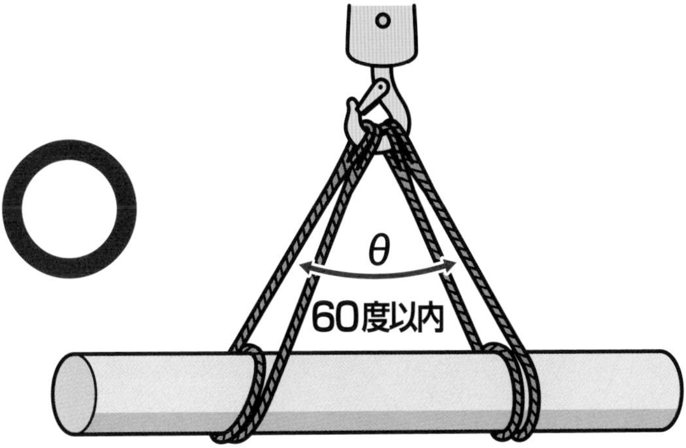

ポイント

- 同じ重さのつり荷でも、つり角度が大きいほどワイヤに作用する張力が大きくなり、ワイヤの横すべり、外れ、破断等の恐れがある。
- つり角度(対角θ)は、60度以内になるようにワイヤを掛ける。

フックへは、つり角度のある半掛けをするな!

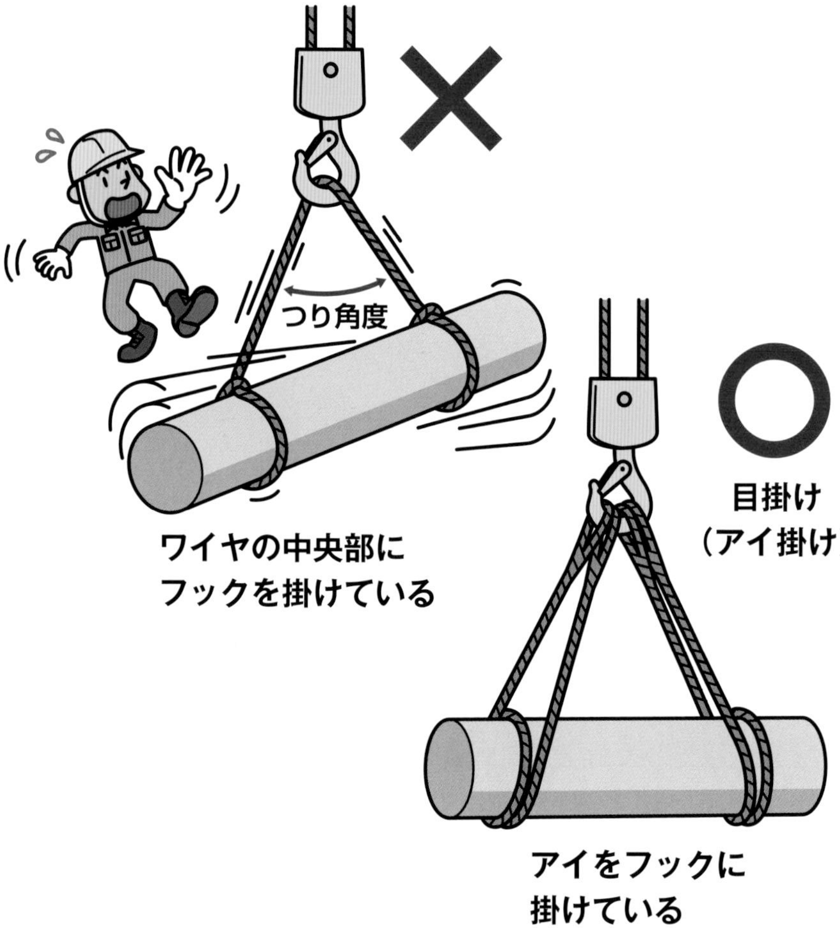
×
つり角度
ワイヤの中央部に
フックを掛けている
○
目掛け
（アイ掛け）
アイをフックに
掛けている

ポイント

・つり角度のある半掛けでは、つり荷の水平状態がフックとワイヤの摩擦力によって保たれている。荷ぶれ等で左右のワイヤ張力差が摩擦力より大きくなると、ワイヤがフック上ですべってつり荷が傾き、落下の恐れがあるので、2本のワイヤを用い、目掛け（アイ掛け）をする。

フックにワイヤを重ねて掛けるな!

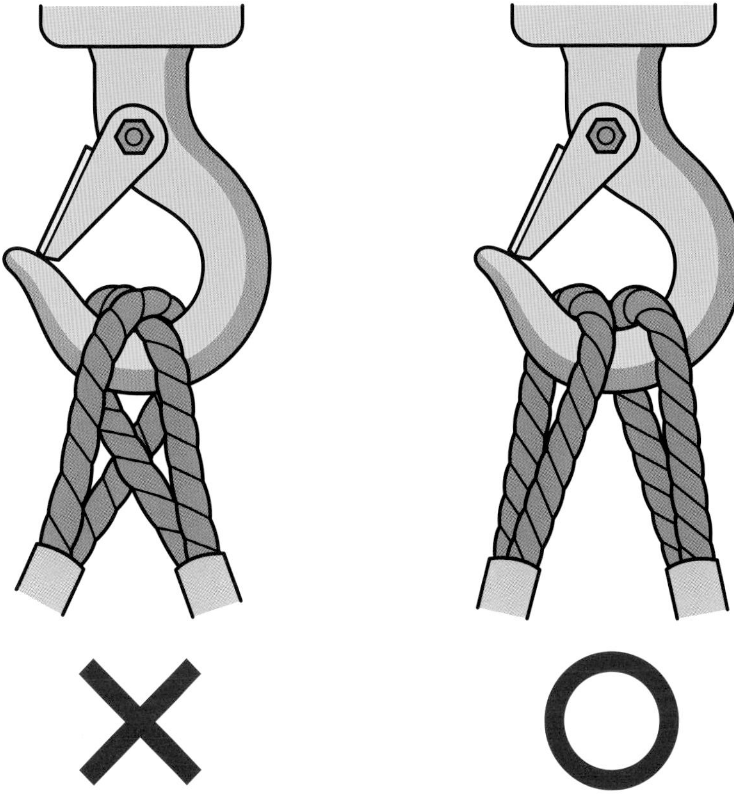

ポイント

・ワイヤの片利きによる過負荷、ワイヤの変形や損傷の恐れがあるので、ワイヤが重ならないよう平行に掛ける。

つり荷の角部に直接ワイヤを掛けるな!

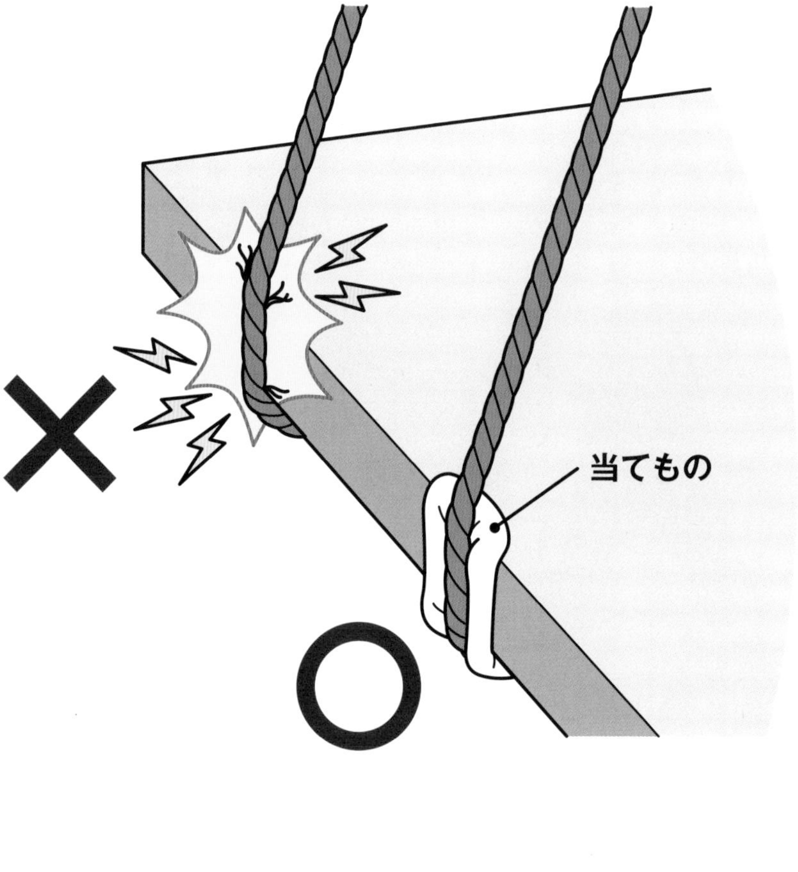

ポイント

・つり荷の角部でワイヤが傷み、ワイヤの変形や強度低下が発生するので、つり荷の角部には、必ず当てものをする。

一本つりはするな!

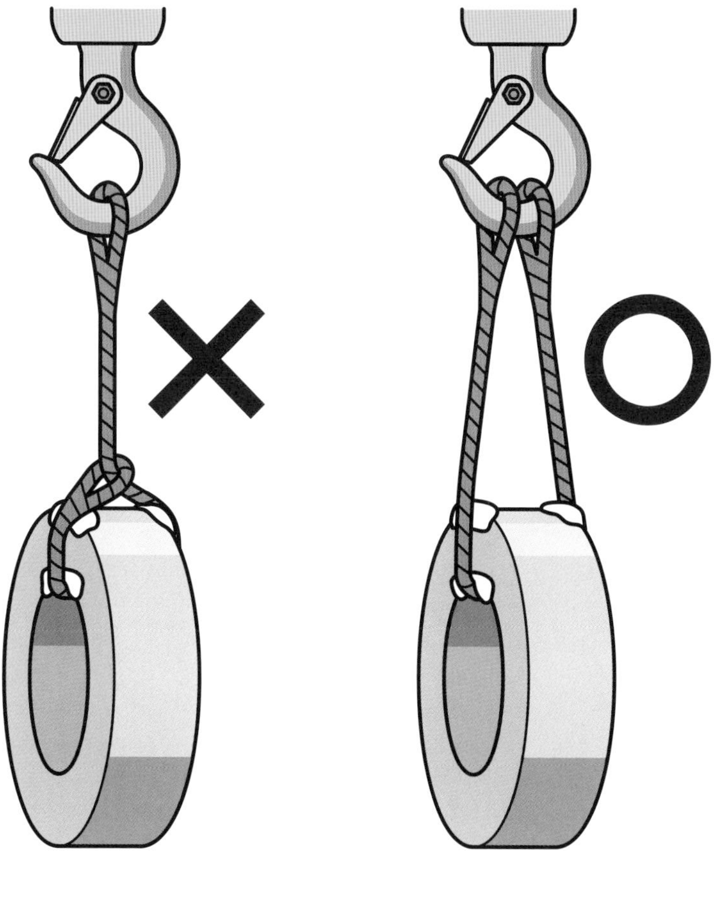

ポイント

・フックにアイを1つだけかける1本つりは、つり荷の回転によって、ワイヤのヨリが戻って、つりワイヤが破断し、つり荷が落下する恐れがある。

折り返し目掛けはするな!

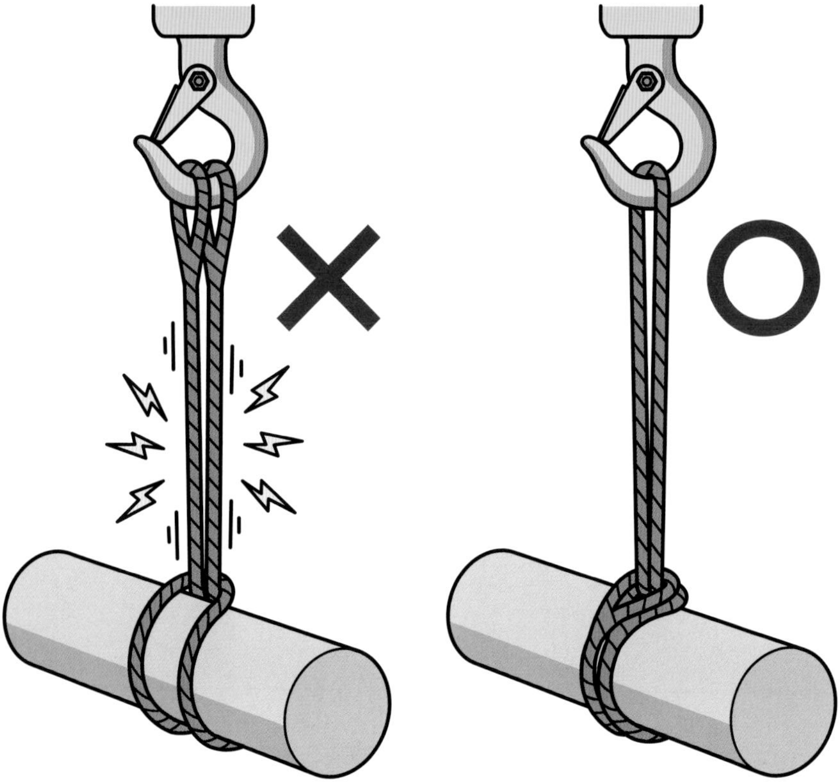

ポイント

・左の折り返し目掛けでは、ワイヤの片利きによる過負荷でワイヤが破断し、つり荷が落下する恐れがある。
・右図はフックへの半掛けではあるが、重心位置一点つりのため、つり角度がなく、荷が振れても左右のワイヤ長さと張力は常に均等で安定している。

丸もの、長ものは半掛けをするな!

半掛け

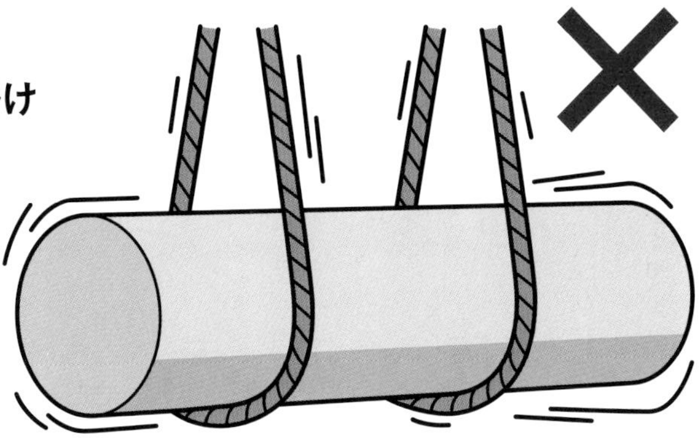

あだ巻き

あだ巻き目通し

ポイント

・半掛けではスベリによりワイヤが外れ、つり荷が落下するので、あだ巻き、または、あだ巻き目通しを用いる(ワイヤが締まるため、スベリにくくなる)。

あだ巻きは、ワイヤを交差させるな!

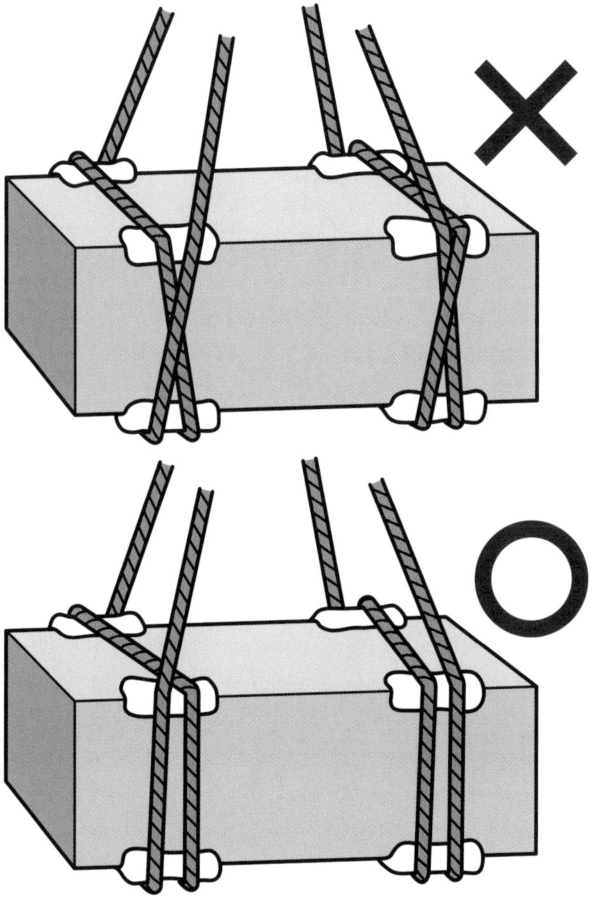

ポイント

・片側のワイヤが殺され、片利きによる過負荷でワイヤが破断し、つり荷が落下する恐れがあるので、ワイヤが重ならないように巻き付ける。

数ものを、結束せずに玉掛けをするな!

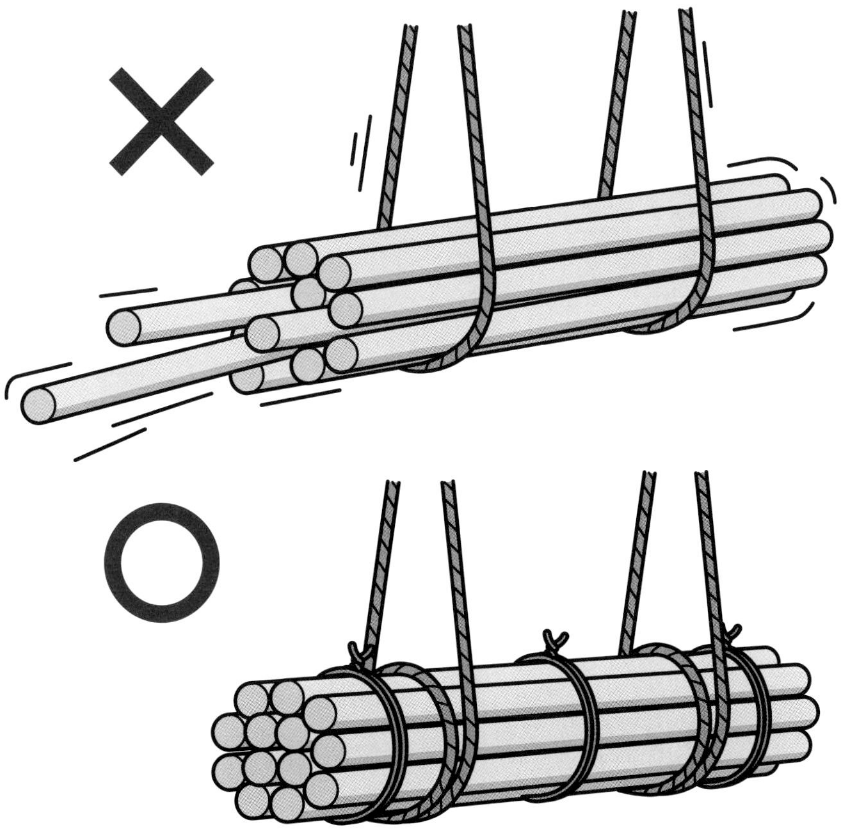

ポイント

・荷くずれ、抜け出し、落下するので、番線等でバラ荷を結束してから玉掛けをする。

つり荷を便乗させるな!

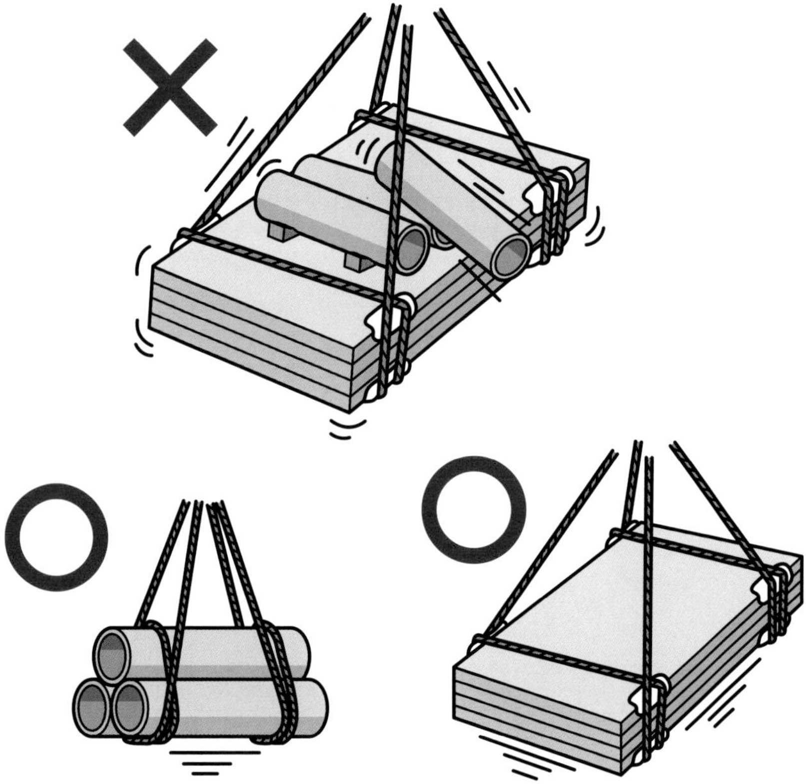

ポイント

・つり荷の振れ等により便乗物が落下するので、単品ずつつり上げる。

荷の下に荷をぶら下げるな!

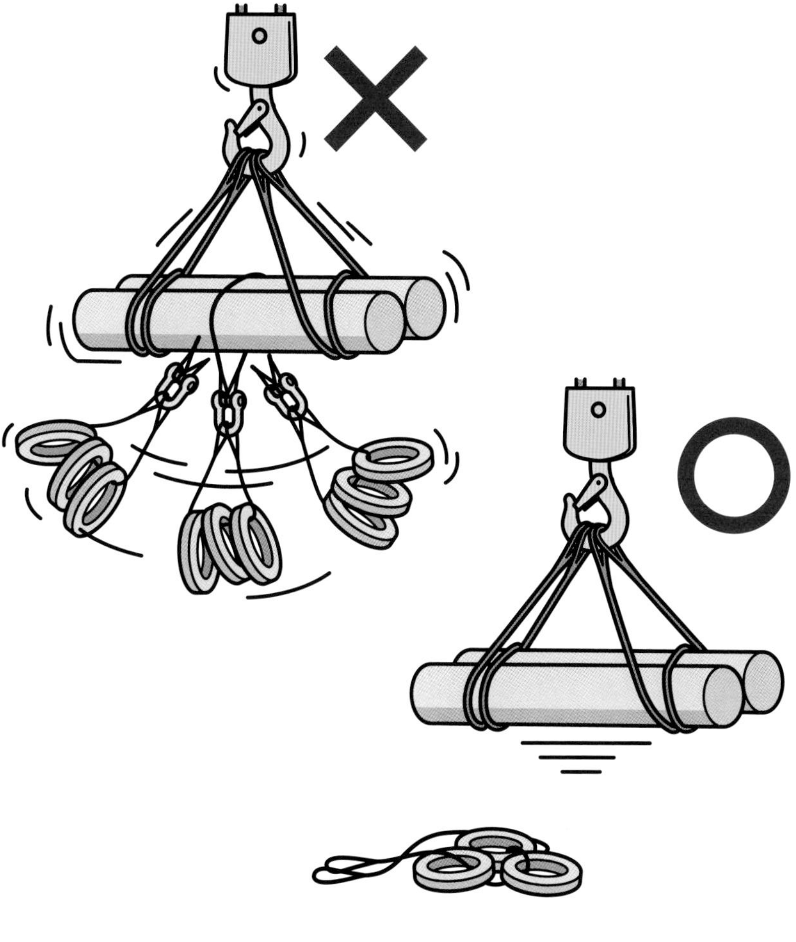

ポイント

・玉掛け時につり荷の下に入ることになるため、危険である。また、２つの荷が別々に揺れるため、振れを止めにくくなるので、単品つりとする。

リング状の荷は、２本つりをするな!

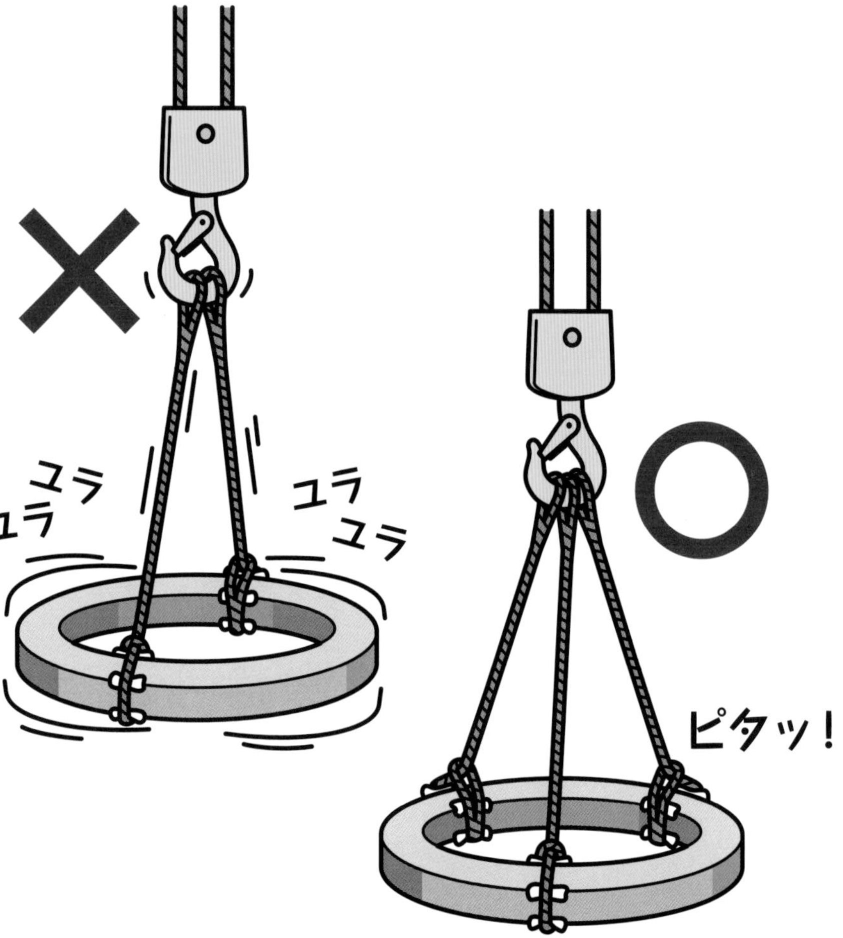

ポイント

・つり荷が安定せず揺れやすいので、３本つり、または４本つりにして荷を安定させる。
・4本つりの場合は、ワイヤの長さ調整が難しいので、4本中1カ所をチェーンブロックにして調整する。

ワイヤを荷の下じきにするな!

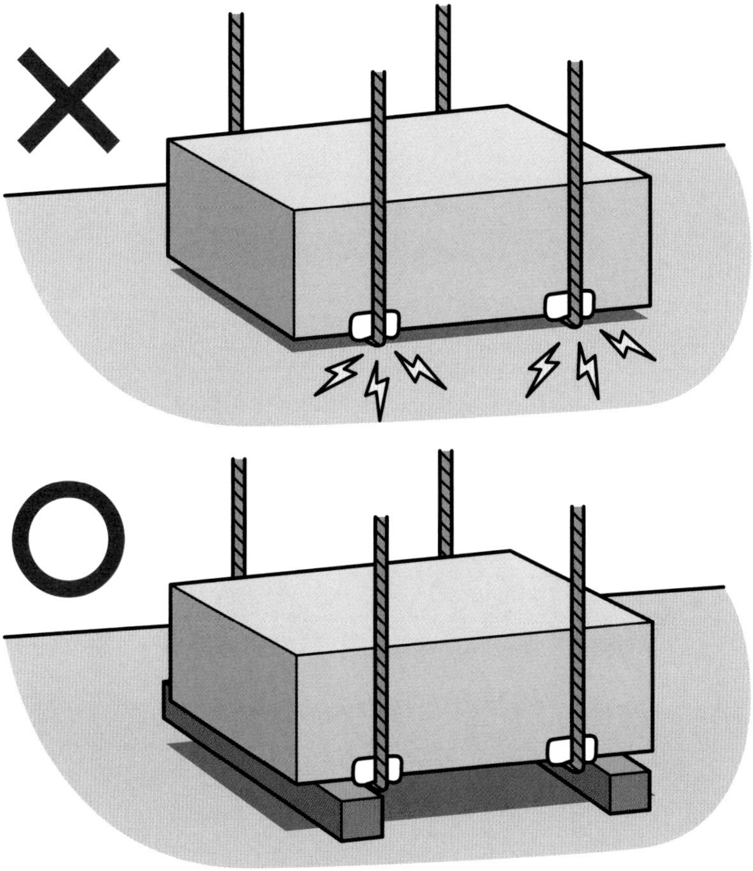

ポイント

・ワイヤが荷の重さでつぶされて変形し、損傷するので、あらかじめ、まくらを置き、その上に荷を下ろす。

Ⅲ 作業位置、動作

玉掛け作業は、重量物を取り扱う大変危険な作業です。従って、玉掛け作業者は、予期しないつり荷の落下や振れ、傾きなどに対して、常に回避できる位置や姿勢で作業する必要があります。

ここでは、玉掛け作業者自身が災害にあわないための作業位置や動作について、代表的な事例を紹介します。

ワイヤ緊張時の手の位置

Ⅲ　作業位置、動作-①

つり荷の傘下に入るな!

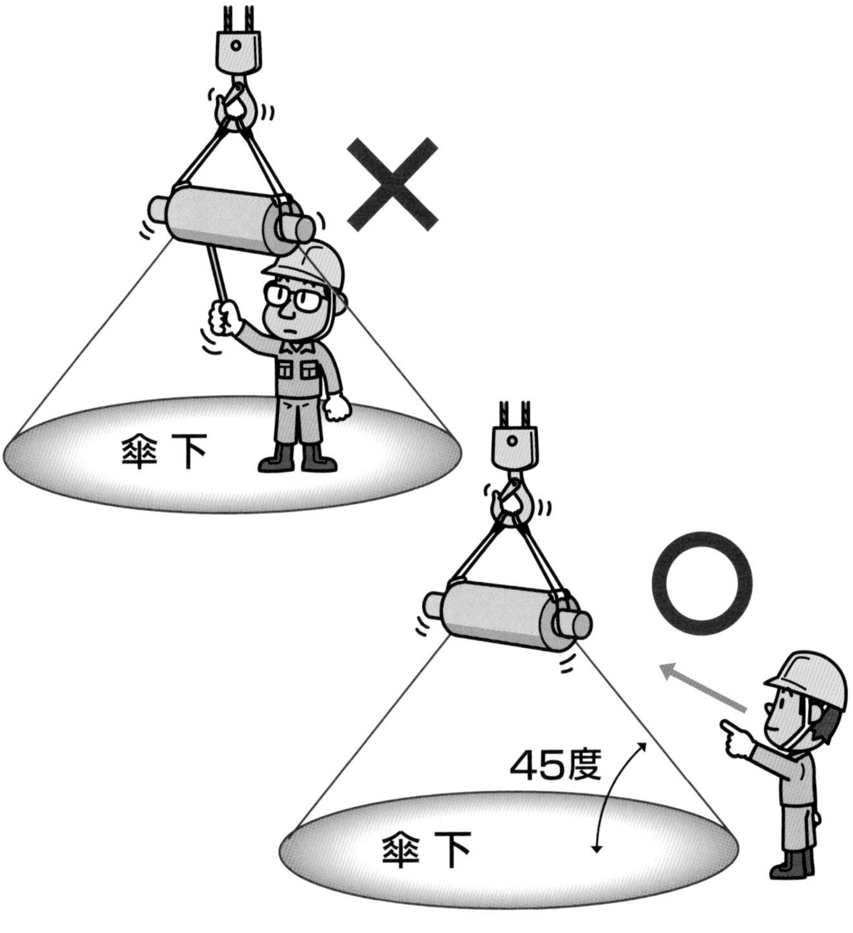

ポイント

・つり荷の降下や落下時につり荷の下じきになる。
（傘下とは、つり荷の真下を含め、つり荷の側面より斜め45度の線で囲まれる範囲をいう）。

Ⅲ　作業位置、動作-②

つり荷の下に手を入れるな!

ポイント

・荷の落下等により、手指がはさまれるので、位置合わせをする場合には、つり荷の下には絶対に手指を入れず、横から手のひらで押さえるようにする。

・ノータッチ玉掛けを定めている事業場では、カギ棒等を使用する。

つり荷に乗って作業するな!

ポイント

・つり荷に乗ると転落したり、つり荷とともに落下したりするので、地上から操作ができるハンドチェーンの長いチェーンブロック、または電動チェーンブロックを使う。

執筆協力
西坂労働安全コンサルタント事務所代表　西坂明比古

絵で見る　玉掛け作業べからず集

平成31年４月26日　第１版第１刷発行
編　者　中央労働災害防止協会
発行者　三田村　憲明
発行所　中央労働災害防止協会
〒108-0023
東京都港区芝浦3丁目17番12号 吾妻ビル9階
ＴＥＬ　〈販売〉03(3452)6401
〈編集〉03(3452)6209
ＵＲＬ　https://www.jisha.or.jp/

印　刷　株式会社光邦
イラスト・デザイン　株式会社アルファクリエイト
©JISHA 2019　21601－0101
定価（本体450円＋税）
ISBN978-4-8059-1873-9　C3060

COPY
本書の内容は著作権法によって保護されています。
本書の全部または一部を複写（コピー）、複製、転載すること（電子媒体への加工含む）を禁じます。

狭いところで玉掛け合図をするな!

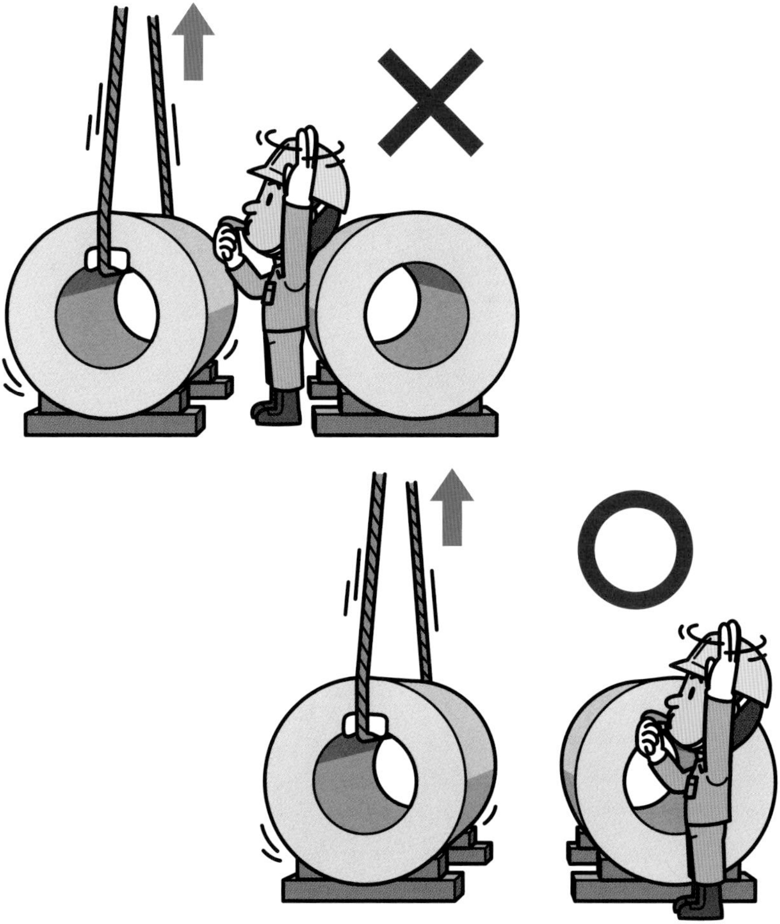

III ポイント

・つり荷が振れて、はさまれるので、つり荷が振れたり、転倒したりしても大丈夫な位置で合図をする。
(玉掛け合図者が狭い場所から合図をしている場合には、クレーンを動かさないようにする)。

ワイヤ緊張時、つり荷の近くのワイヤを握るな!

ポイント

・つり荷とワイヤの間で手をはさまれるので、ワイヤを支える必要がある場合には、手指がはさまれない位置を手のひらで押さえる。
・ワイヤを握らず、カギ棒等でワイヤを支えるようにするとより安全に作業できる。